Ein Bilderbuch zum Lesenlernen

Hast du Zahnweh, kleine Hexe?

Mit Bildern von Erhard Dietl

Erzählt von Ingrid Ueb

Ravensburger Buchverlag

Früh, als die  aufging, holte

die kleine  ihren  und

fegte das . Der schwarze 

saß am  und murrte: „Setz

dich lieber auf den  und reite

mit mir durch den !“ Aber die

kleine  lachte und antwortete:

„Nein, jetzt wird das  gefegt.

Danach wird  gebacken.

Und dann wird der  gedeckt.“

Da war der  zufrieden.

Er wusch sich mit der  die 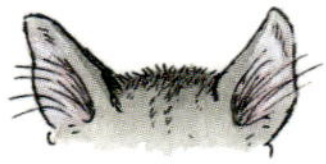

und fragte: „Gibt es zum 

auch ?“ „Na klar!“, sagte die

kleine . „Ich mache einen feinen

 mit . Dazu gehört

natürlich eine große  voll

.“ „Ja, das finde ich auch!“,

sagte der  und strich ihr

vergnügt um die .

Als der  fertig war, trug die

kleine  ihn stolz hinaus in den

. Nicht lange danach kamen

drei  angeritten und setzten

sich an den gedeckten .

Der  setzte sich mit dazu. Er aß allerdings mehr  als . Kaum waren die 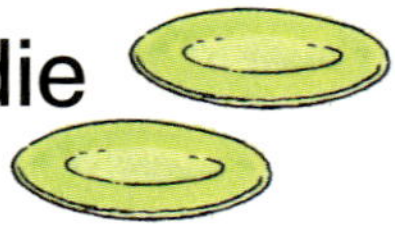 und 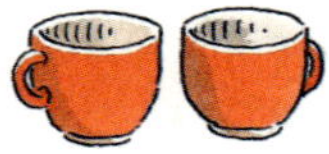 leer, da stellte die kleine  ihre besten  auf den  und holte eine  süßen -most aus dem . Sie schwatzte und kicherte mit den anderen . Als es dem  zu viel wurde, schlich er auf leisen  davon.

Die  saßen beieinander, bis

die  unterging. Da gaben sie

sich die  und sagten: „Noch

dreimal muss der  aufgehen,

dann treffen wir uns zum  -tanz

auf dem hohen ." „Juchhe!", rief

die kleine  vergnügt und winkte

den anderen nach. Der  kam

und strich ihr sacht um die .

Sie gingen zusammen ins .

Die kleine  spülte noch schnell

das . Dann war sie müde

und wollte zu . Sie ging aufs 

und wusch sich  und 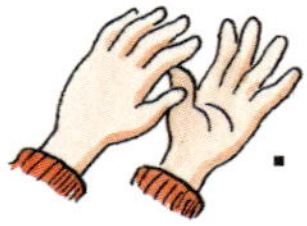.

Jetzt musste sie noch ihre 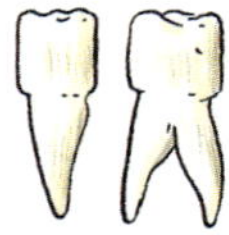

putzen. Sie nahm die 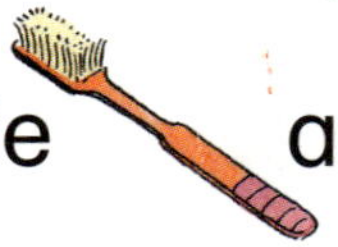 aus

dem  und guckte gähnend in

den . Oh je, sie war wirklich

sehr müde! Sie ließ das 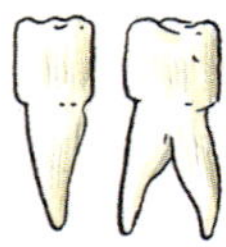-putzen

bleiben und kroch schnell ins .

Sonst schlief die kleine  immer,

bis die  aufging. Doch diesmal

wurde sie wach, als der  noch

durchs  schien. Auweia!

Sie hatte grässliches -weh.

Die kleine  stand auf und putzte schnell ihre 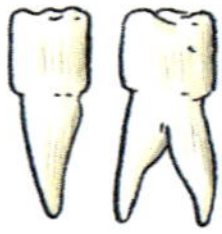. Aber das nützte gar nichts. Wenn sie mit der 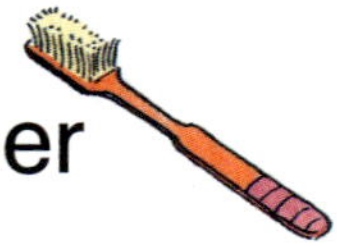 an den schlimmen  stieß, tat es sogar noch viel mehr weh. Der  kam und fragte: „Hast du -weh, kleine ?“ „Und wie!“, jammerte sie. Da sagte der : „Komm mit aus dem ! Vielleicht finden wir im  jemanden, der dir hilft.“

Die kleine  legte sich schnell ein  um und lief mit dem  hinaus in den . Dabei jammerte sie laut und drückte die 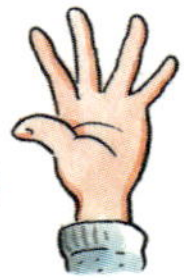 an die . Zuerst trafen sie den . Der fragte: „Hast du -weh, kleine ?“ Aber helfen konnte er ihr genauso wenig wie die , der  und das . Erst dem  fiel etwas ein.

„Komm mit zum  ", quakte der

, „und tauch ein paar 

hinein! Wenn du die auf deine 

legst, verschwindet dein -weh."

Die kleine  tat, was er sagte.

Die feuchten  waren kühl und angenehm und der  tat nicht mehr weh. Die kleine  klatschte erfreut in die . Aber oh weh! Einen -blick später war alles wie vorher. Der  sagte: „Gehen wir weiter!“ Als die  sank und der  aufging, begegnete ihnen ein . Er blieb stehen und fragte: „Hast du -weh, kleine ?“

„Und wie!“, stöhnte die kleine .

„Was soll ich nur tun, lieber ?“

„Kühle, nasse  taugen nicht

für einen kranken “, sagte der

. „Viel besser hilft ein warmes,

trockenes  so wie meins.“

Er setzte sich unter einen  und

nahm die kleine  fest in den

. Sie drückte sich in sein .

Gleich tat der  nicht mehr weh.

Doch als morgens die  aufging und der  fortmusste, schmerzte der  genau wie vorher. „Es hilft nichts“, sagte der . „Gehen wir weiter!“ Die kleine  nickte und lief ihm nach. Der  spazierte bereits durch die , da kamen sie an eine . Wie gut! Darin wohnte der , der der kleinen  schon einmal geholfen hatte.

„Mach auf!“, schrie der . Die

kleine  klopfte mit der  an

die 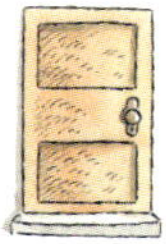. Da machte der  ihnen

auf. „Ach, kleine !“, rief er.

„Ich sehe schon, du hast -weh!“

In der  sank die kleine  jammernd auf einen . „Still!“, sagte der . „Ich weiß, was zu tun ist. Der  muss raus!“ Zuerst öffnete er die 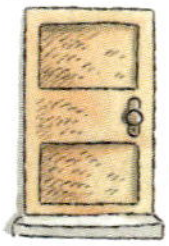. Dann holte er einen langen  und sagte: „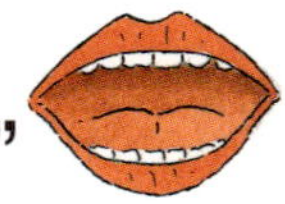 auf!“ Die kleine  gehorchte.

Schnell knüpfte der  das eine -ende um den kranken  und das andere um die .

Und dann? Ja, dann warf der 

einfach die  zu. Die kleine 

saß da wie vom  getroffen. Sie

klappte den 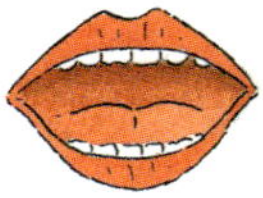 zu und riss ihre

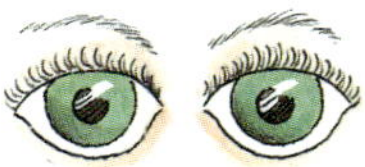 weit auf. Am  baumelte

nämlich ihr ! Vorsichtig fühlte

sie mit der  im 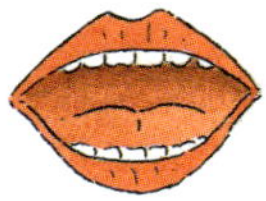 herum.

Wirklich, der  war weg! Nichts

tat mehr weh. Die kleine  tanzte

erfreut in der ganzen  herum.

Draußen ging eben die  auf.

Der  sagte: „Jetzt müssen wir

heim.“ „Ja“, nickte die kleine ,

„und morgen geht es zum  -tanz

auf den hohen .“ Der  hob

mahnend seinen  und fragte:

„Und vorher?“ Die kleine  lachte.

„Vorher putze ich alle 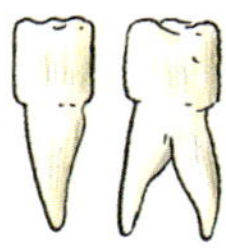, die

noch in meinem  sind. Ich will

ja nie wieder -weh haben!“

Die Wörter zu den Bildern:

Sonne 

Hexe 

Besen 

Haus 

Kater 

Fenster 

Wald 

Kuchen 

Tisch 

Pfote 

Ohren 

Sahne 

Himbeeren 

Schüssel 

Beine 

Garten 

Teller 

Tassen 

Gläser 

Flasche 

Apfel 

Hände 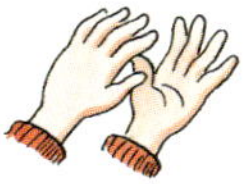

Mond 

Berg 

Geschirr 

Bett 

Klo 

Gesicht 

Zähne 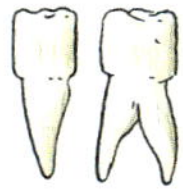

Zahnbürste 

Becher 

Spiegel 

Tuch 

Wange 

Fuchs 

Eule 

Igel 

Eichhörnchen 

Frosch 

Bach 

Blätter 

Augen 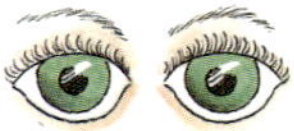

Bär 

Fell 

Baum 

Arm 

Wolken 

Höhle 

Zwerg 

Faust 

Stuhl 

Tür 

Faden 

Mund 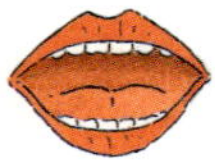

Türklinke 

Blitz 

Zunge 

1 2 3 4 07 06 05 04

Illustrationen: Erhard Dietl · Text: Ingrid Uebe
Printed in Germany
ISBN 3-473-33023-X
www.ravensburger.de